U0316636

源 自 全 球 学 校 人 文 科 学 品 质 读 物

生命中不能承受之温暖

小多（北京）文化传媒有限公司◎编著

艺术与科学探知系列

SPM 南方出版传媒、广东人民出版社
·广 州·

图书在版编目（CIP）数据

生命中不能承受之温暖/小多（北京）文化传媒有限公司编著. —广州：广东人民出版社，2016.10（2019.5重印）
（艺术与科学探知系列）
ISBN 978-7-218-11089-9

Ⅰ.①生… Ⅱ.①小… Ⅲ.①全球变暖—少儿读物 Ⅳ.①X16-49

中国版本图书馆CIP数据核字（2016）第179089号

Shengmingzhong Bunengchengshouzhi Wennuan
生命中不能承受之温暖
小多（北京）文化传媒有限公司 编著

出 版 人：肖风华

责任编辑：马妮璐 段树军
封面设计：象上品牌·设计
责任技编：周 杰 易志华

出版发行：广东人民出版社
地 址：广州市海珠区新港西路204号2号楼（邮政编码：510300）
电 话：（020）85716809（总编室）
传 真：（020）85716872
网 址：http://www.gdpph.com
印 刷：天津画中画印刷有限公司
开 本：889mm×1194mm 1/16
印 张：3.25 字 数：60千
版 次：2016年10月第1版 2019年5月第2次印刷
定 价：36.00元

如发现印装质量问题，影响阅读，请与出版社（020-85716849）联系调换
售书热线：（020-85716826）

目录 Contents

第23页

写在前面的话

如果你是个对气候敏感的孩子，你可能会注意到地球环境的一些变化：夏天炎热的天气多了几天，冬天的雪路少了一些；在全球各地，怪异天气频发，该热的时候不热，该下雪的时候不下雪。

我可不是吓唬你，在你们长大成人的过程中，会经历全球变暖给人类环境和生活带来的千变万化，而这些变化是大是小，是早是晚，谁也无法预知。

人类对不可预知的事情总是感到担忧。本书将告诉你，对于地球变暖我们现在知道什么：海洋千年万年来形成的微生物受损；因为浮冰减少，北极熊捕食变得困难，不得不跑到附近村庄的垃圾堆中觅食，小熊的出生数也变少了；南极企鹅吃不到虾，数量在减少；美丽的珊瑚礁变得苍白，正在死去。

我们也知道，地球的温度保持着微妙的平衡，既不太冷也不太热。大约200年前，科学家们就开始研究这种平衡的奥秘和意义。但是，弄清楚古时地球上的温度并不容易，科学家通过树的年轮、冰层数量，还有花粉存活的年代，来推算气温变化。

你们是如此幸运的一代，享受着人类有史以来最快捷的通信方式和最神奇的生物科技，但你们也许正是需要承担保护环境责任的一代。人类在进步，但人类的活动却在给地球的大气和居住环境留下一道道“伤疤”。很多有识之士，也包括很多你的同龄人都开始为消除这些“伤疤”而行动。科学家和工程师在探索减少温室气体排放、减缓全球变暖的技术和手段——例如使用太阳能和风能等清洁能源代替石油和煤炭，采用碳捕集与封存技术避免将二氧化碳排放到大气中，研发混合动力汽车以减少汽油消耗，降低二氧化碳排放……我们也可以从生活小事做起，减少碳排放，减缓全球变暖的脚步。

编者：比力

Alarm!
警钟！

我们打开电视或上网浏览新闻，经常可以看到诸如“珍稀动物濒危”、“冰川融化，海平面上升”、“风暴潮等自然灾害频发”、“疾病流行”等报道，这些危机因何而起？又有多么严重？除了担忧，我们还能做些什么？

作者：海上云

正在灭绝的动物

白色的绒毛，强壮的体魄，锋利的爪牙，超强的抗寒能力，能破冰，能冰泳，它是冰冷北极的王者——北极熊。但是，在最荒凉、最寒冷的环境中生存了百万年的“北极霸王”，现在却正在一步一步走向濒危的绝境。

绝望的北极熊

住的地方，蜗居已成了危房；
行走冰原，掉进窟窿爬不上；
生养后代，越来越多早夭亡；
捕猎艰难，食不果腹饿得慌。

——这就是北极熊的现状。

嗅嗅，嗅嗅，
我是不是闻到
附近有饭香？

北极的冰山不断融化，北极熊无法再在洞穴里生活。

冬季的冰开始结得少，结得薄，一不小心冰层就会破裂，北极熊就会掉进水里。虽然北极熊会游泳，但冰面很滑，加上北极熊那么重，很难再爬回冰面。这时候，北极熊只能游泳了，但它不是鱼，不能长时间在水里，需要找到有泥沙和岩石支撑的岛屿上岸。如果上不了岸，北极熊也会溺死。近几年有新闻报道，在美国的阿拉斯加就发现过被淹死的北极熊。

随着北极冰雪的不断融化，北极熊宝宝将不得不与它们的妈妈一道，长途跋涉，寻找新的栖息地。而这一过程使得北极熊宝宝的死亡率大幅上升。

2013 年 4 月，挪威极地研究所的研究员在北冰洋的一个岛上抓拍到一只看似体格健壮的雄性北极熊。同年 7 月，再次见到这只北极熊时，却是它枯瘦如柴的尸体。它是饿死的！

饿得皮包骨的北极熊。这头饥饿的北极熊为了寻找食物，长途跋涉到了距离海岸 160 公里的内陆地区——已故摄影师 Heiko Wittenborn 摄于 2007 年

在南极，有一种奇异的鸟类，它们能在零下60℃的严寒中生活、繁殖。在陆地上，它们活像身穿燕尾服的西方绅士，走起路来一摇一摆、不慌不忙，不过遇到危险就连滚带爬、狼狈不堪了。在水里，它们短小的翅膀成了一对强有力的“桨”，使其游速最高可达36千米/小时（特定品种）。它们就是“海洋之舟”——企鹅。它们被称为企鹅，是因为它们经常在海岸边远眺，好像在企望着什么？还是因为它们正面很像中文的“企”字？答案应该都对。我们不得不惊叹汉字的奇妙和美丽。

帝企鹅，是体型最大的企鹅，身披黑白分明的大礼服，赤橙色的喙，脖子底下一大片橙黄色羽毛，是南极绅士中的爵士，优雅和可爱的完美组合。

2005年上映的、由吕克·雅克执导的生态纪录片《帝企鹅日记》，描绘了帝企鹅在南极恶劣的条件下，靠着强大的意志力，为生存和繁衍而进行的艰苦旅程。我们或许惊异于帝企鹅在严寒环境下的生存能力，其实，对于帝企

鹅来说，冷并不可怕，可怕的是热！

由于海水温度不断升高，企鹅的食物来源急剧减少，它们的栖息环境正在恶化，企鹅的生存受到严重威胁。最新研究发现，预计到2100年，帝企鹅数目将减少超过一半。

举止优雅、君子风范的帝企鹅，意志强大、不怕严寒的帝企鹅，怎样才能挽救你们的命运？在你们“企望”的未来里，有没有被拯救的希望？

呆萌的树袋熊，又称考拉，是澳大利亚的国宝，也是澳大利亚奇特的珍贵原始树栖动物，更是很多小朋友的宠爱。英文名“Koala bear”来源于古代土著语言，意思是不喝水，因为考拉从取食的桉树叶中获得所需的90%的水，只在生病和干旱的时候喝水。

考拉对食物很挑剔，只吃桉树叶。由于全球变暖、森林大火等各种因素，桉树的生长环境日趋恶化，考拉因为食物的减少而数量骤减。最新的统计显示，野生考拉的数量仅剩下4.3万只。

呆萌的考拉，你们知道究竟发生了什么吗？这样的世界，对于天真的你们来说，实在是太残酷了。

美丽的马尔代夫和海底的内阁会议

可能沉没的地方

在全球变暖的趋势下，有两个过程会导致海平面升高。第一个是海水受热膨胀。第二个是格陵兰及南极洲等地的冰川融化使海水增加。脑补一下海平面上升给岛国和沿海低洼地区带来的灾害吧……很多岛国的国土仅在海平面以上几米，有的甚至在海平面以下，靠海堤围护国土，海平面上升将使这些国家和地区面临被淹没的危险。

马尔代夫是一个群岛国家，被称为“失落的天堂”，由26组珊瑚环礁、1200多个珊瑚岛屿组成，平均海拔只有1.2米。发生在2004年的南亚大海啸，曾让马尔代夫三分之二的国土惨遭淹没。2010年10月，马尔代夫内阁会议特意在海底召开，向世人警示美丽的马尔代夫可能会从地球上消失。

实际上，可能“沉没”的远不止马尔代夫，当海平面上升超过1米，一些滨海的世界级大城市如纽约、伦敦、威尼斯、曼谷、悉尼、上海等，也将面临被浸没的灾难。这里的几张图，虽然只是想象，但是，如果全球气温继续上升的话，噩梦非常有可能变成现实。

伦敦“沦陷”
上海“下海”

创“新”的时代

近年来，气候反常和极端天气成为常态。夏天非常热，冬天非常冷，有些地方特别干旱，有些地方涝灾严重，冷热旱涝都走向了极端。“历史之最”的字样常常充斥报纸头条：史上最大降雪，史上最大降雨，史上最长时间无降水，史上最高温，史上最低温。我们正生活在一个不断创“新”的时代！

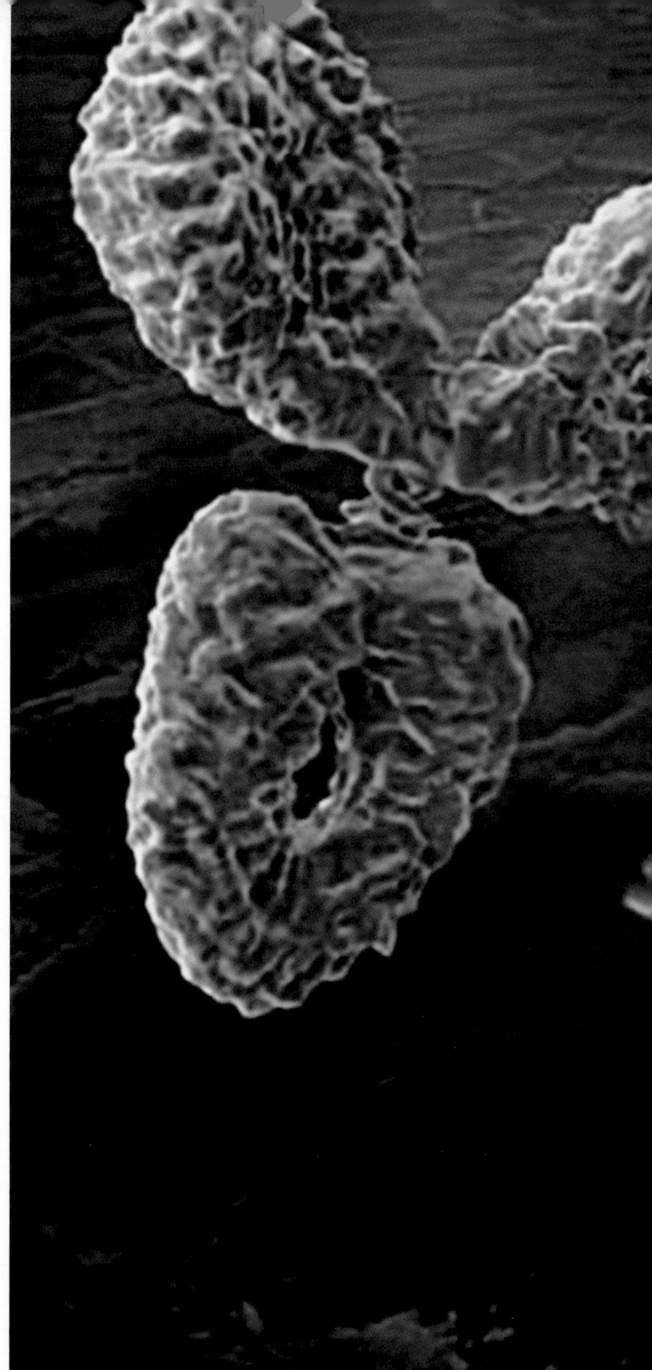

反常气候和极端气候

潜伏的病菌

极地冰川如果以惊人的速度融化，很多比现代人类还要古老的微生物将被“放出”。科学家曾在 42 万年前的冰芯中发现活着的细菌，它们在极端寒冷的环境下仍然在生长，科学家甚至发现了它们为了适应生存而进化的证据。

科学家担心它们的“回归”将首先威胁已与人类共存几十万年的微生物族群。

那么，一些已经灭绝的病毒会不会“回归”，“进攻”没有抗体保护的人类和动物？这也是很多科幻影片喜欢用到的情节。大部

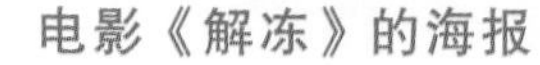

电影《解冻》的海报

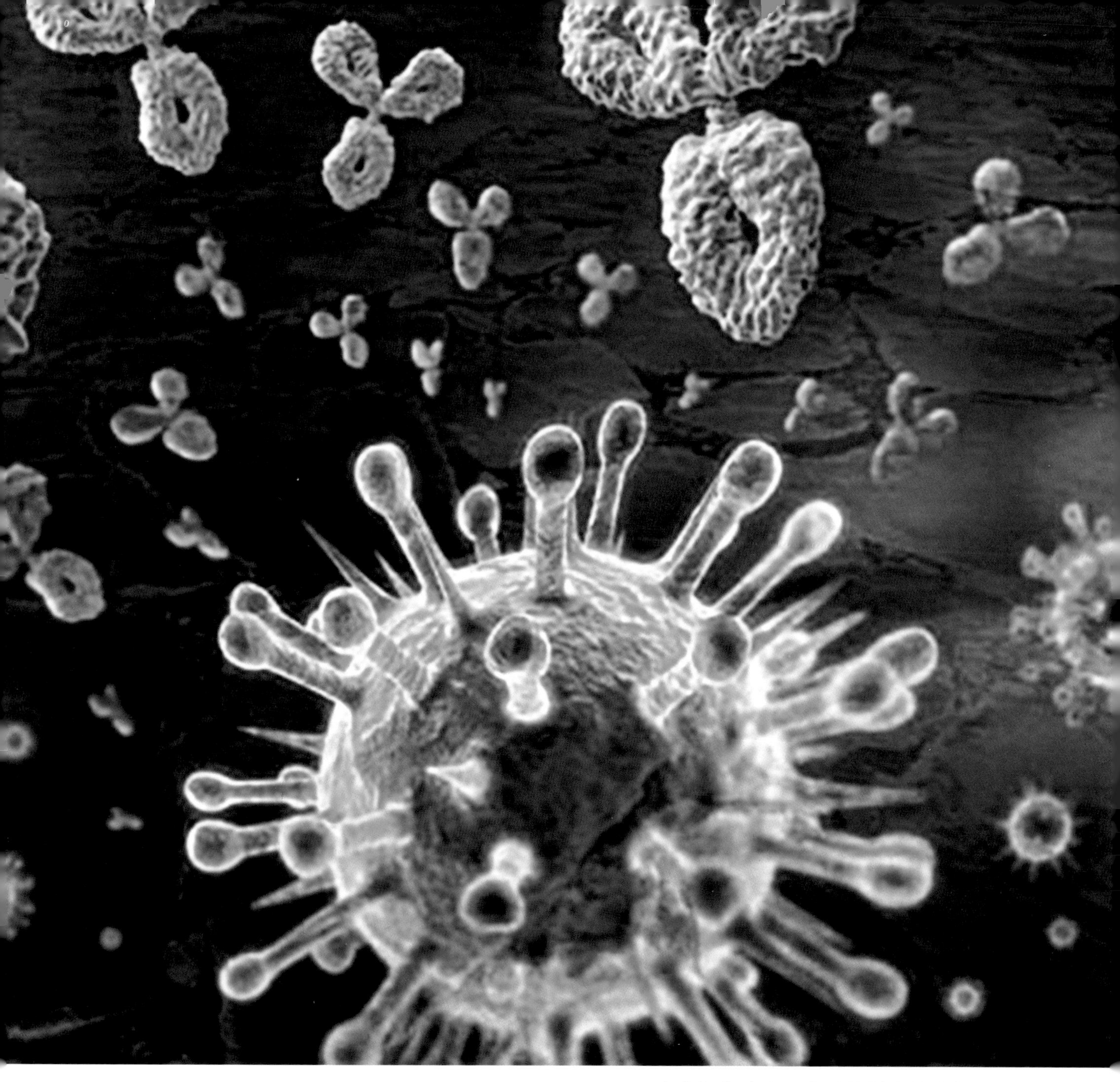

在北极永冻土里发现的微生物（构想图）

分科学家认为，病毒在极寒的条件下是脆弱的。不过，科学家曾在格林兰岛的冰层中发现埋藏了 14 万年的植物病毒，这意味着一些耐寒病毒，比如脊髓灰质炎病毒可能会“潜伏”在冰中。这是从北极永冻土里发现的细菌。

当温暖的气候把它们解冻出来的时候，会有怎么样的后果？电影《解冻》里描述的恐怖情节是不是会成为现实？

濒临灭绝的动物，
岌岌可危的马尔代夫，
酷冷酷热，
伺机肆虐的远古病菌，……
这一切都因为同一个原因——全球气候变暖。
那么，导致全球气候变暖的祸首是谁？
我们一起去寻找答案！

Melting Glaciers
冰川消融

作者：屈友友

当你喝水或洗澡的时候，应该想一想冰川。为什么呢？因为冰川拥有地球上至少 70% 的淡水资源，比所有湖泊河流的淡水总量要多得多。当你夏天乘坐飞机，从空中看见有冰在闪闪发光时，也要想到那就是冰川。为什么呢？因为冰川庞大厚重，终年冰冻不化。你在向往时光旅行时，更要想到冰川。为什么呢？因为从冰川中提取的冰芯可以让科学家一睹地球的远古面貌。

大量堆积形成的缓慢漂移的巨大冰块被称为冰川。铺盖在整个南极洲和北极格陵兰岛上的广阔冰川被称为冰盖。格陵兰岛上的冰盖面积如同墨西哥国土面积那样大，南极洲的冰盖面积大约是整个澳洲大陆面积的两倍，而且南极洲的积雪和冰层已经堆积了至少 4000 万年了！南极和北极这两个冰盖加在一起，这两大冰盖占有地球上超过 99% 的冰量。

慢慢爬行

冰川是冰雪经过堆积、凝聚和再结晶形成的。这需要非常特殊的气候和地形条件，也就是说，冰川只会存在于极地或高寒山区。在那里，冬天会下很大的雪，气温长时间维持在零度以下，即使是夏天气温也很低。刚刚飘下来的雪花又轻又松软，但是随着雪越积越厚，下层的雪就被挤压成很小但是密度很高的冰晶，并逐渐变成岩盐那么大。

说冰其实是“热”的！你相信吗？事实上，冰是现存最“热”的固体之一，因为它最接近熔点。冰川永远都是移动着的，但因为冰很“热”，很容易融化，所以冰川移动起来更像液体而非固体。冰川一边滑动一边“爬行”。地面上的冰层融化成水，形成非常薄的水层，冰川就在这层水上滑动。因受力不同，冰川的不同冰层总会从一层滑到另一层的上面，就好像在“爬行”。同一座冰川的不同部分也会以不同的速度滑动或“爬行”。中间比边缘移动得快，表层比底层移动得快，这是因为边缘和底层容易和外界产生摩擦而受到限制。大多数冰川一年可以移动几英尺（1 英尺约为 30.5 厘米），但还有一些甚至会“跑”出几英里（1 英里约为 1.6 千米）。

冰川“一路走来”，会带走、碾过或压碎途中的一切，包括巨石、树林和山丘。被冰川带走

全球的冰川都在消融。冰川融化会导致海平面上升，迫使人们搬离地势较低的地区。

的石头会碎成越来越小的石块。有时一些碎石块被冰川抛在身后，积成一堆，被称为冰碛。冰川甚至可以重塑一座大山，留下尖峰和起伏的山脉。无论冰川慢慢漂移到地球表面的什么地方，它们都会改变那里的面貌。

冰芯和全球气候变化

在冰川最深处的冰层中，隐藏着有关地球历史和气候的信息。而冰芯便是开启这些宝藏的钥匙。冰芯是直径 10~13 厘米的冰柱，是在冰川上钻孔提取的。冰河学家对采集于世界各地的冰芯进行年代鉴定，并研究冰芯中含有的气体和杂质，从而绘制出 10 万年以前的全球气候变化图。

我们对过去的气候变化了解得越多，就越有能力对未来的气候变化做更准确的预测。

冰川会随着每年新的降雪而不断增长。科学家很容易从冰芯中探知每一年形成的冰层。他们数一数这些冰层就可以算出每一部分冰川的年龄，就如同数一数大树的年轮就能得知它已经生长了多少年一样。

科学家通过研究冰芯了解到地球的气候是在不断变化的。在过去的一万年中，全球气候出人意料地保持着稳定。但是在近几十年，全球平均气温却已经达到了 100 多年来的最高点。科学家担心，人类的行为可能会对气候的变化产生巨大的影响。他们希望能够利用从冰芯中学到的东西来帮助人们了解气候变化，以免破坏难得的气候平衡。

Earth, Our Greenhouse
地球，我们的温室

作者：白云

傅里叶的发现

画中的人物是一位大名鼎鼎的法国科学家。他 9 岁时父母双亡，被家乡教堂收养，在教堂学校刻苦学习并显示出了惊人的天赋。他参加过法国大革命，曾两次入狱，差点被送上断头台。他曾随拿破仑军队远征埃及，受到拿破仑器重，回国后被任命为格勒诺布尔省省长。他就是法国著名数学家、物理学家傅里叶。当然，他并不姓傅，而是姓傅里叶，全名叫让·巴普蒂斯·约瑟夫·傅里叶。

1820年，傅里叶通过复杂的推导发现，如果只考虑入射太阳辐射的加热效应，地球的温度应该比现在实际的更低。于是他大胆猜测，地球的大气层可能是一种隔热体，就像玻璃暖房（温室）一样。现在人们普遍使用玻璃或透明塑料薄膜来做温室，让太阳光能够直接照射进温室，加热室内空气。同时，玻璃或透明塑料薄膜又可以让热空气保持在室内，使室内的温度高于外界，这有利于植物快速生长。不过在傅里叶的年代，温室技术还没有发明出来。

傅里叶是最早提出“温室效应”这个假设的，只是他没有弄清哪些气体起到了玻璃的作用。后来，经过其他科学家不断探究，发现大气中的二氧化碳、甲烷（沼气）、一氧化二氮等起到了阻挡地球热量外逸的作用。这些气体称被为温室气体。

太阳辐射可以透过大气射到地面，而地面增暖后放出的一部分辐射却被二氧化碳等温室气体吸收，从而产生大气变暖的效应。大气中的温室气体就像一层厚厚的玻璃，使地球变成了一个大暖房。如果没有大气，地表的平均温度就会下降到 -23℃，而现在实际地表的平均温度为 15℃，这就是说，“温室效应”使地表温度提高了 38℃。**如果没有“温室效应”，地球会是冰天雪地的冷冻世界。**大自然再次显示了它的神奇，正是有了这样的“温室”，地球上才会有今天这些多姿多彩的生命。

温室效应图解

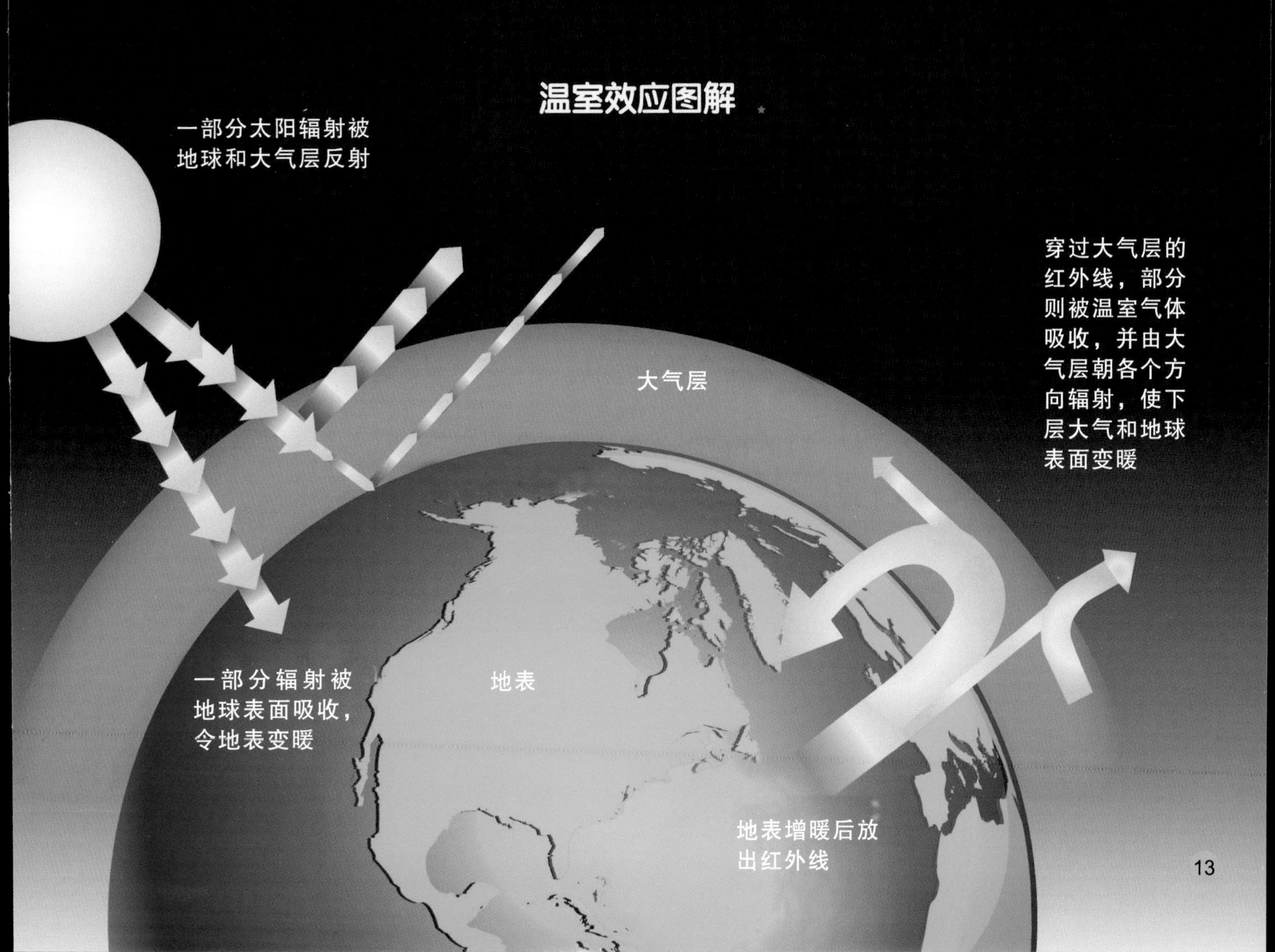

大气中，那些让我们温暖的气体

有四个“葫芦娃”产生了“温室效应”。看它们的分子形状，是不是比“葫芦娃”更像葫芦？

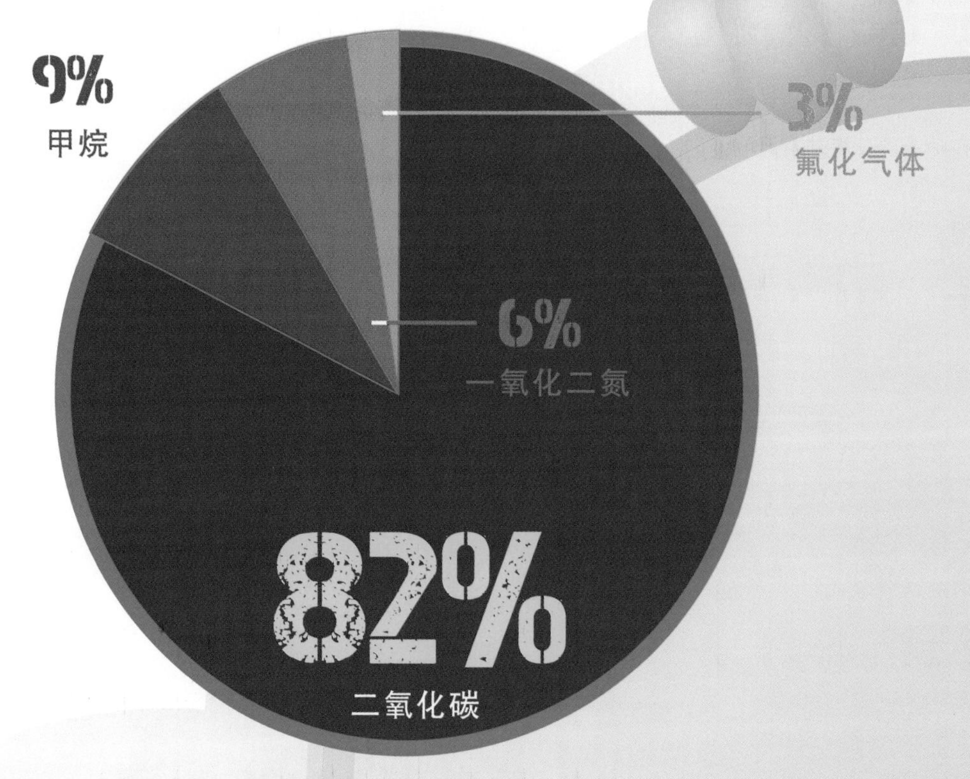

温室气体的构成和比例

老大“碳葫芦”是二氧化碳，占四个“葫芦娃”总量的82%。平时我们呼出的就是二氧化碳，汽油燃烧产生的是二氧化碳，煤炭和木柴焚烧释放的也是二氧化碳。另外，植物的光合作用，吸收的正是二氧化碳。二氧化碳在常温下是一种无色无味的气体，密度比空气大，不支持燃烧，性子比较温和。

二氧化碳的分子结构

接下来的老二是“烷葫芦”甲烷，也就是我们平时俗称的“沼气”，广泛存在于天然气、沼气、煤矿坑井气之中，占“四个葫芦娃”总量的9%。植物腐烂后会产生甲烷，动物排泄的废气也是甲烷，老二虽然比老大小很多，但是，它吸收热量的能力却是老大的20倍！而且易燃易爆炸。

甲烷的分子结构

老三是“氮葫芦”一氧化二氮，也叫“笑气”，能使人丧失痛觉，但吸入后仍然可以保持意识，不会神志不清。笑气曾被牙医当作麻醉剂使用。大气中笑气的主要来源是农业生产中施用的氮肥。这个老三的个子更小，占四个“葫芦娃”总量的6%，但是，它吸收热量的能力却是老大的310倍！

最后的老四“氟葫芦”，完全是人类化工制品的产物，统称为氟化物气体，其中包括我们冰箱的制冷剂氟利昂。老四虽然只占四个“葫芦娃”总量的3%，但是，它的危害却是非常大的，有的甚至有毒，其吸收热量的能力是老大的上万倍!

温室气体的四个“葫芦娃”，老大温和，老二火爆，老三可笑，老四威猛，吸收热量的能力一个比一个牛。

氟利昂的分子结构

一氧化二氮的分子结构

云的冷暖

在夏天的烈日下行走时，我们都有过这样的经历：如果有一朵云飘过，正好挡住太阳，一下子就会凉爽惬意很多。云，这些在空中凝结的水蒸气，对太阳辐射起到了反射作用，使地面气温不会太高，让空气和地球更加凉快。

但是，云也像温室气体一样，挡住了地球上想向外逃逸的热量，对地面起到保温作用。所以，在有云的晚上，地面气温一般比无云时要高一点。

云的两面性

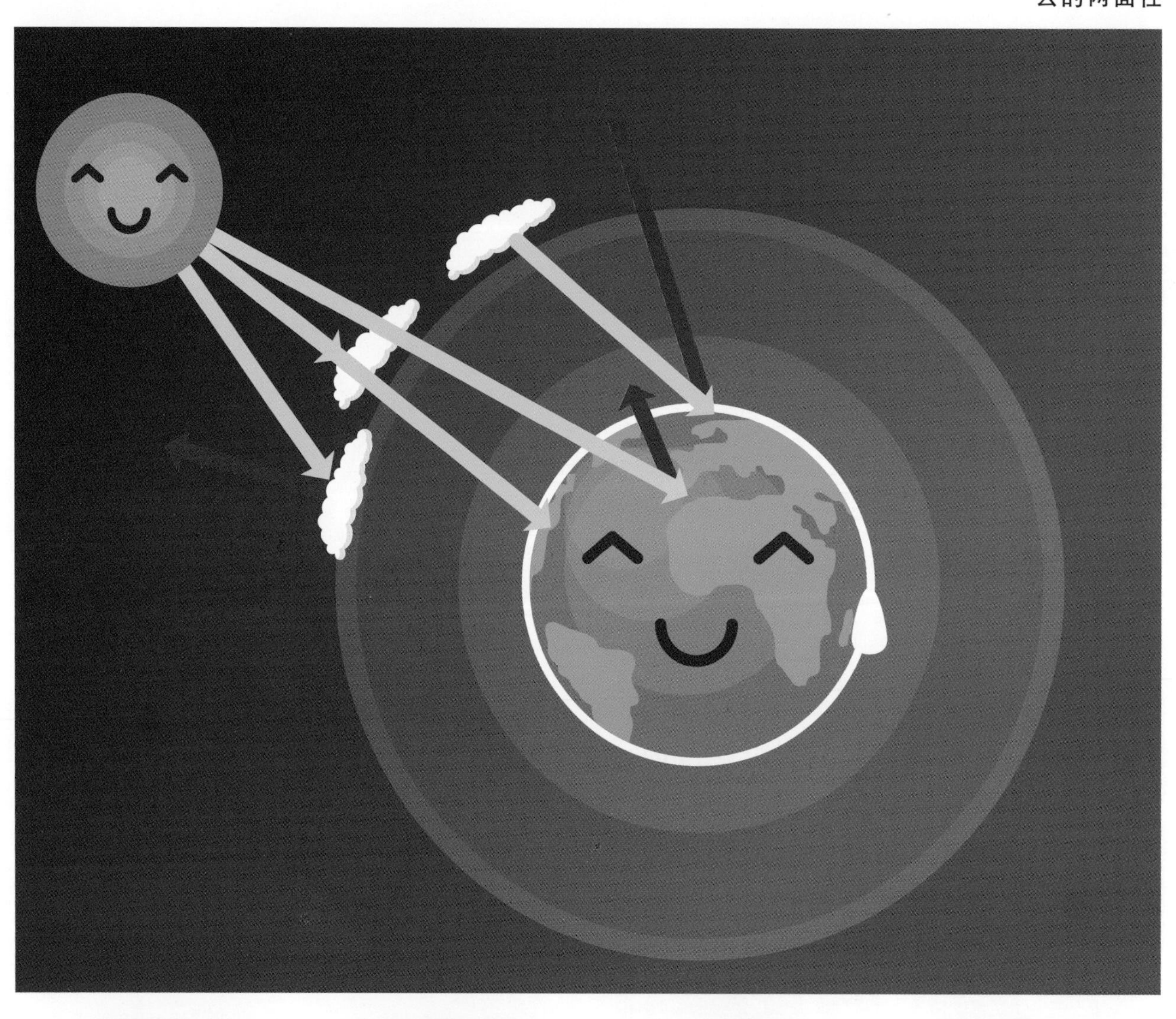

云层包裹地球（数码艺术作品）

因为云有两面性，气象学家在预测气温时，会把“有没有云”和“有什么样的云”作为变量，加到气象模型中，使天气预报更加准确。

那么，云的“两面性”到底是哪一面功力更强些？科学家经过测量计算，发现每一平方米的云，在上方可以反射阻挡 47 瓦的太阳光热量，在下方可以反射阻挡 30 瓦来自地球的热量。云，是位功力深厚的“武林高手”，上推下挡，对付来自太阳和地球的夹击。这场较量的结果是：云为地球起到了冷却的作用，和温室气体的四个“葫芦娃”唱起了对台戏，**每一平方米的云可以让地球少接收 17 瓦的热量。**云，自然界中的“冷面十七郎”，一直在默默地和“温室效应”做着“艰苦卓绝”的斗争。

正如云有“两面性”，温室效应也是一把双刃剑。如果没有“温室效应”，地球的温度绝对不适合人类生存。因此，我们要感谢“温室效应”和温室气体。那么，为什么现在“温室效应”成了问题呢？随着工业化进程的到来，大气中的温室气体越来越多，使得地球的温度也越来越高，人类和动植物开始承受不了“温室效应”的变化幅度。当“温室效应”发生显著作用的时候，地球气候就“不高兴”了，后果会很严重。前文中那些动物和美景的消失，罪魁祸首就是“温室效应”。

Finding Nemo 2100

海底总动员之 2100

作者：朴尚

有没有看过迪士尼的动画片《海底总动员》？
还记得电影里的这些活灵活现的角色吗？
天真爱玩的小丑鱼尼莫，
用勇气与爱战胜自己内心恐惧的鱼爸爸玛林，
健忘又健谈的蓝藻鱼多莉，
和善的海龟柯路西，
双重性格的鲨鱼布鲁斯……

现在，让我们来想象一下，到了2100年，影片里的这些动物会是什么样的生活状况呢？就让我们来拍一部《海底总动员2100》吧。现在开始选演员啦。

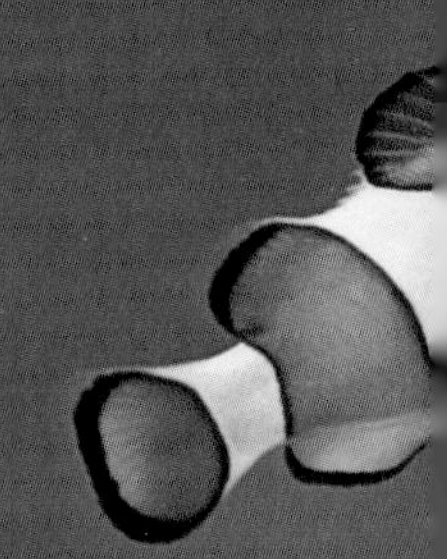

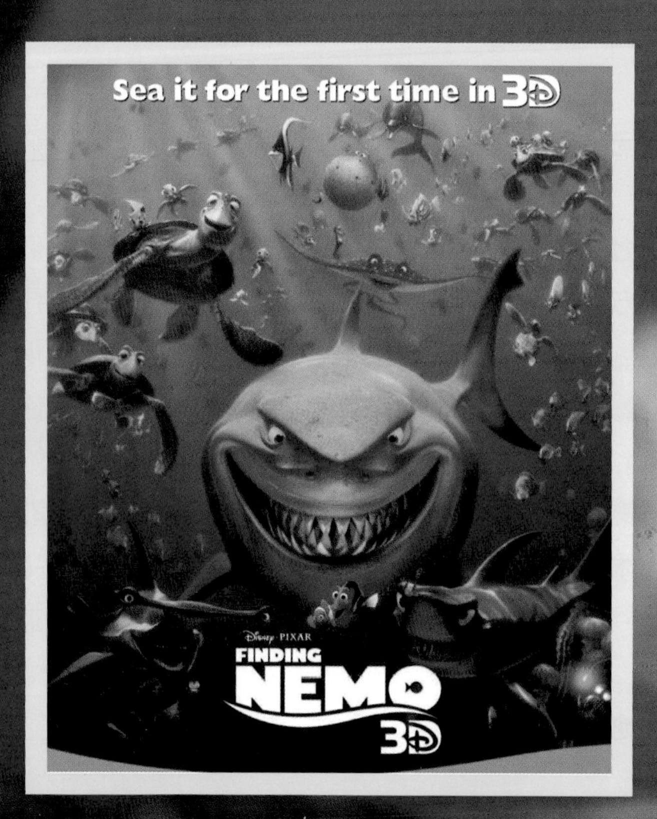

《海底总动员》电影海报

连锁反应下悲催的“尼莫们”

先来看看我们的主角尼莫的后代——小丑鱼。

小丑鱼是生活在珊瑚丛中的鱼类，它们和一种叫海葵的动物共生。小丑鱼因为有艳丽的体色，常惹来杀身之祸。而海葵的触手中含有有毒的刺细胞，使得很多海洋动物难以接近它。但是，海葵大叔行动缓慢，找不到吃的，经常饿肚子。长期以来，小丑鱼与海葵在生活中达成了共识，每天小丑鱼会带来食物与海葵共享；而当小丑鱼遇到危险时，海葵会用自己的身体把它包裹起来，保护小丑鱼。它们之间这种互相帮助、互惠互利的生活方式，在自然界称为共生。

到了 2100 年，随着空气中二氧化碳含量的增加，海水中会溶入更多的二氧化碳，变得略带酸性。珊瑚是珊瑚虫分泌出的外壳，珊瑚的化学成分主要为碳酸钙，最怕的就是酸，就如我们的牙齿最怕酸一样。在酸性的水中，珊瑚虫无法生存。而海葵呢，是依附在珊瑚礁上的。

所以，空气中二氧化碳增加，会使海水变酸。

共生的小丑鱼和海葵

海水变酸，殃及珊瑚；
珊瑚缺钙，殃及海葵；
海葵"盲流"，殃及"尼莫"。

生物界中这样"一荣俱荣、一损俱损"的连锁反应现象，举目皆是。《海底总动员》中的几位配角，像海马希尔顿和蝴蝶鱼泰德这些珊瑚丛中的小伙伴，都会遭受同样悲剧的命运。

珊瑚丛中的海马和蝴蝶鱼

"女儿国"的海龟们

接下来我们来看看海龟柯路西的后代。电影中，海龟柯路西和它的伙伴们进

二氧化碳是怎么让海水变酸的?

二氧化碳怎么会让海水变酸呢? 其实，它的原理我们在生活中每天都接触到。

另外，科学家发现，小丑鱼是听力非常灵敏的鱼类。但是，变酸的海水会直接影响鱼类的耳骨生长，最后会让它的听觉减弱，察觉危险的能力大大下降。

我们平时喝的雪碧、可乐等饮料被称为碳酸饮料，就是在液体饮料中充入二氧化碳做成的，俗称汽水。

制造汽水时，要在加压情况下把二氧化碳气体溶解在水里，生成碳酸。再往汽水里加糖、柠檬酸以及果汁或香精，在加压状态下灌入汽水瓶中。当我们喝汽水时，汽水从瓶子里倒出来，压强（指空气压强和人体内的压强）突然降低，二氧化碳在水中的溶解度随着压强降低而变小。于是，喝入体内汽水中的二氧化碳便成为气体从水中逸出，并从口腔中排出，这个过程会把人体内的热量带走，所以喝汽水时会感到凉爽。

因为碳酸会和骨骼里的钙起化学反应，所以，碳酸饮料喝多了会造成骨质疏松。同样的原理，碳酸会和珊瑚里的钙起化学反应，所以，二氧化碳浓度的增加引起了珊瑚的濒危。

入海洋的洋流，如同乘上了高铁，从一个栖息地漂流到另一个栖息地。

但是，全球气温上升将影响到海洋的洋流流向。变向的洋流将把柯路西的后代漂流到陌生的海岛，那里的气候和环境是否适合它们生存、繁衍？我们无法预测。

海龟繁殖过程的重要一环，是将卵产在沙滩上，埋入沙坑，依靠太阳的温度孵化。到了2100年，全球气温上升，直接造成海龟蛋的孵化率下降，海龟宝宝数目减少。气温上升造成海平面升高，沙滩的面积减少，海龟的产床也会变少变小。

此外，最神奇的是，海龟宝宝孵化出来是弟弟还是妹妹，完全取决于沙滩的温度，而不是龟爸龟妈！当孵化的温度较高时，小海龟孵化的时间减短，出来的是妹妹；当孵化的温度较低时，小海龟孵化的时间增长，出来的是弟弟！

当全球平均气温上升时，龟妹妹越来越多。当一个物种的雌雄比例长期失调时，这个物种就有灭绝的危险。“女儿国”成为海龟王国，是无法在《海底总动员2100》出现了——所以，柯路西的后代们也悲剧了。

“大胃王”蓝鲸和4000万只磷虾

电影中有一个情节，玛林和多莉在寻找尼莫的过程中，被庞然大物蓝鲸一口吞下，在蓝鲸的身体里经历了一段惊心动魄的旅程。

蓝鲸，自然界最大的动物，长近 33.6 米，重达 190 吨。但是，最令人惊异的是，它最爱的食物竟是一种仅几厘米长、几克重的小小磷虾。这么大的个子，吃这么小的食物，一定要吃很多才能吃饱吧？你猜对了，一头蓝鲸每天要吃 4000 万只磷虾！

南大洋的海水终年是低温，盐度也无大的变化，这样稳定的环境使磷虾十分娇嫩，应变能力差，环境略有变动就不能适应。磷虾成体的适温范围在 0.64℃ ~ 1.32℃，高于 1.80℃就可能给它带来致命的危险。所以，南极磷虾只生活在南极周围比较寒冷的海域，其他海域是找不到南极磷虾的踪迹的。

如果 2100 年全球平均气温上升 4℃，一定会造成南极冰川的大量融化，磷虾只能往更南的地方迁徙，生存区域大大缩小，数量大大减少。每天要吃 4000 万只磷虾的蓝鲸的命运可想而知——“大胃王”绝对是悲剧了。

大胃王蓝鲸和小小的磷虾

“少年痴呆”的鲨鱼们

电影里有“三大恶鱼”——三条面目凶恶的鲨鱼，它们超级敏锐的嗅觉令人印象深刻。鲨鱼的嗅膜面积非常大，因此嗅觉非常灵敏，它可以分辨出水中一百亿分之一的味道，闻到几公里之外的血腥味。海中的动物一旦受伤，鲨鱼就能闻腥而来。

科学研究发现，**当海水因为溶入大气中更多的二氧化碳而变成酸性时，鲨鱼天生敏锐的嗅觉会变迟钝。**一头迟钝的鲨鱼，如何在海洋里捕食生存？——一定也是悲剧了。

鲨鱼在恐龙出现前就已经生存在地球上了，至今已超过4亿年，适应环境的能力超强。或许有人会因此认为鲨鱼一定能够扛过这次的环境变化，但是无奈这次的环境变化太快（从工业革命到2100年，仅二三百年时间），以至于这个古老的海中霸王都来不及适应。科学家预计，到2100年，海洋中鲨鱼的数目会因为温室效应而减少44%。

《海底总动员之2100》

海底总动员之2100

至此，我们拜访了《海底总动员》中的大部分明星。如果要拍摄《海底总动员2100》，小丑鱼、海龟、蓝鲸、鲨鱼、珊瑚、海葵、海马、蝴蝶鱼、海豚等主角、配角和“打酱油的”都将缺席。多嘴而健忘的蓝藻鱼、鱼缸的“缸长”角蝶鱼基尔、气鼓鼓的河豚，或许还能参演，但是，失去了大部分性格鲜明的海洋明星，这部电影将会多么冷清，多么悲哀啊！

Secret in the Ice-lolly

“冰棍”里的奥秘

作者：海上云

科学家在南极

这些面带微笑、穿着防寒服的人是在滑雪场合影吗？他们手里抱着的是雪橇吗？非也非也。这是科学家在南极的东方湖（Vostok）的合影，他们手里抱着的是从湖底几公里处采集的“冰棍”。那么，这些硕大的“冰棍”到底有什么用呢？

这些“冰棍”，科学上正规的名称叫冰芯，是科学家研究地球、气温和大气演变历史的利器。我们知道雪花看上去晶莹剔透，其实在雪的结晶里有空气、灰尘、花粉、工业废气等各种杂质。当雪花降落到南极这个冰天雪地的“大冰箱”后，会一层一层堆积起来，凝结成冰。这些冰千年万年都不会融化。科学家发现，在南极一个叫东方湖的湖面上，一层层的雪冰经过 80 多万年的堆积，已有 3769 米厚，越深的地方，冰越古老。让我们来仔细看看这些古老的“拒绝融化”的冰里，到底有什么。

看到了吧，这一层层冰，层次非常清楚，就像年轮一样，隐藏着大量气候变化的信息。例如，每层冰的厚度表明了当年降雪的多少，冰层的气泡里蕴藏着当年大气的成分信息，里面还有史前火山爆发的证据呢。科学家们用机器钻到几千米深的冰层，采出冰芯，通过分析冰芯中各种物质的含量和比值，来推断地球系统的变化和气候的变化。有句成语叫“一叶知秋”，而科学家们却可以“一芯知万年”。这是多么了不起的功夫！

1837米深处的冰芯（Credit：美国国家冰芯实验室/Eric Cravens）

2010年12月8日，南极洲，杨百翰大学哥本哈根冰和气候研究中心的科学家在测量冰芯的长度、直径和重量，随后会将它包装运回位于美国犹他州的实验室继续研究（Credit：NASA/Lora Koenig）

下面这张图表画出的，是从南极冰芯里解密出来的40多万年间二氧化碳含量和地球气温变化的数据。横坐标的每一格代表5万年，人类有记载以来的整个历史与此相比，简直是短短的一瞬！蓝线是气温变化，红线是大气中二氧化碳含量的变化。二氧化碳含量的单位是ppm（part per million），指每一百万个空气分子中有多少个二氧化碳分子。很明显，温度随二氧化碳含量起伏变化，亦步亦趋。二氧化碳含量升高，则温度攀升；二氧化碳含量降低，则温度下降。这些低谷，代表了地球历史上曾经的冰期。最近一次的冰期，就是动画电影《冰河时代》发生的年代：那时，冰雪覆盖大地，猛犸象、剑齿虎和原始人类在雪原上行走。

在40多万年的历史中，大气中二氧化碳的含量没有超出过380ppm。在40多万年的历史中，全球最低平均温度比现在低9℃，最高平均气温比现在高3℃。

然后，在过去的一万年间（最右侧小格的一小段），地球的平均气温非常稳定，只在上下不到1℃之间起伏。不过，最近的100多年，情况可大不一样了……

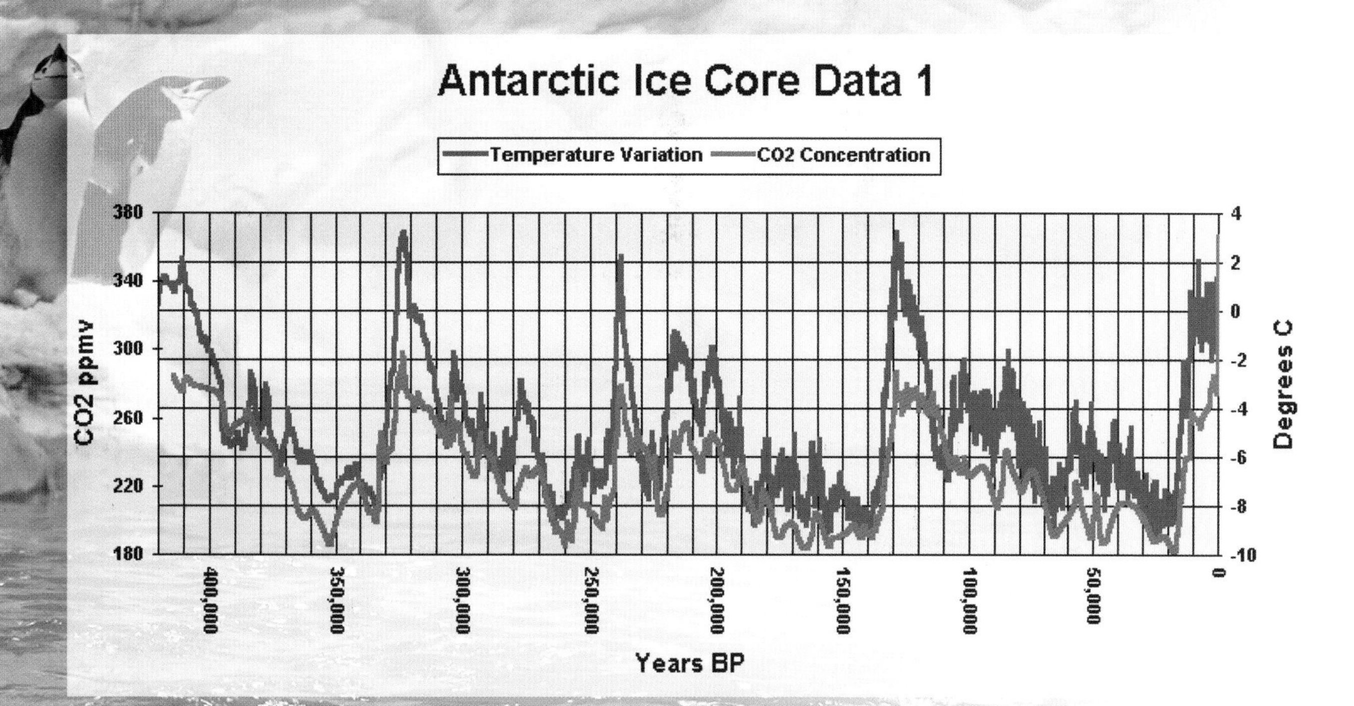

一芯知万年：40多万年间二氧化含量碳和气温的变化

Catch the Breath of Nature
捕捉大自然的呼吸

作者：朴尚

1958年，夏威夷的莫纳罗亚火山迎来了一位非常特别的野营游客。风餐露宿的他，既不是来观赏神秘火山的，也不是来冲浪的，更不是来数满天繁星的。他来到这个太平洋中的海岛，是专门来数二氧化碳分子的。这位驴友名叫查尔斯·大卫·基林，是位来自美国加州理工学院的科学家。他的研究课题，就是数每一百万个大气的分子中有多少个二氧化碳分子。

在空气中数二氧化碳的分子数，要比在冰芯里数困难得多。我们来打个比方：在冰芯里数，好比是牵住了气球的线，数手中有多少不同颜色的气球；在空气中数，好比在风中数到处自由飘飞的气球。在此之前，基林曾去过荒凉的山地、茂密的森林和辽阔的大海，用他发明的仪器细细数过这些地方大气中二氧化碳的分子数。他发现了一个昼夜周期性起伏的规律，而且观测到下午的读数稳定在 310ppm，即每一百万个空气分子中有 310 个二氧化碳分子。很神奇的是，在偏远的、大气污染小的地方，这个读数惊人的一致。

科学家基林

基林的发现

春来秋去，他在夏威夷数了两年的二氧化碳分子，并把数据记录在纸上，画成曲线，并发表了关于全球二氧化碳浓度变化的经典论文。这项观测后来持续进行，一个石破天惊的秘密被基林发现，轰动了科学界。科学界以他的姓命名了这根曲线，称为基林曲线（Keeling Curve）。

那么，这个秘密是什么呢？

基林发现大气中二氧化碳的含量，不仅有昼夜起伏变化一周的规律，还有四季变化的规律：每年的 5 月份读数最高，10 月份读数最低。

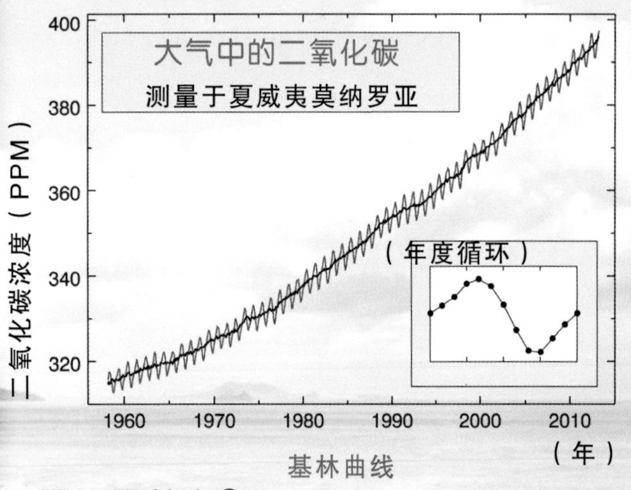

基林曲线

原因是什么？

我们知道植物利用光合作用，吸收二氧化碳，排放氧气。春天草木开始生长，光合作用日渐旺盛，所以从春天开始，大气中二氧化碳的含量慢慢减少。秋天过后，树叶凋零，只剩下松柏等常青的植物傲霜斗雪，光合作用日渐减弱，大气中的二氧化碳因此不再减少。而且，树叶零落腐烂，被分解成碳化合物，其中就有二氧化碳，大气的二氧化碳含量在秋冬两季是渐渐增加的！到了暮春，大气中二氧化碳的含量达到了鼎盛。

如果把地球比作一个人，大气中二氧化碳含量在四季的周期变化就好比是一次呼吸，自然界在冬天和春天呼出二氧化碳，在夏天和秋天吸入二氧化碳。自然界的呼吸是如此精准、细微而又悠长。这样细微的呼吸，却被聪慧、细心的基林察觉到了。

更惊人的发现还在后面。基林观察到自然界的呼吸越来越浑浊了：**大气中二氧化碳的含量每年在增加！**这些多出的二氧化碳来自何方？它们来自汽车尾气，来自煤炭燃烧，来自木材焚烧，人类的工业化进程是大气中二氧化碳增加的罪魁祸首。

基林在野外观测，度过了无数个不眠之夜，迎来的却是更多的不眠之夜。他对人类的未来忧心忡忡：按照这样的趋势，到 2100 年，二氧化碳的含量将达到 661ppm，温室效应大大加强，由此带来全球温度大幅升高！大自然是如此神奇，大气中所含的二氧化碳分子数，让地球的温度正好适合人类生活。**大自然又是如此脆弱，我们一不珍惜就破坏了其中的平衡。**

让我们记住这两个数字：1958 年基林刚开始测到的数据是 310ppm；2015 年 1 月测到的数据是 400ppm。基林用他的聪明才智刻苦钻研，揭了人类未来的隐患。我们是放任自流，让这根曲线直上云霄？还是行动起来，减缓并逆转这个趋势，让大自然的呼吸恢复往日的清澈？这条曲线很美，是美得让人心碎？还是美得让人心醉？选择权就在我们的手中。一起来吧，过一种绿色、低碳的生活，爱护我们的家园。

Diagnosis for Earth
给地球的诊断书

作者：白云

2009年，一篇题为《哥本哈根诊断》的报告问世。这篇诊断书的作者，不是医生，而是来自8个国家的26位气象学家。被诊断的不是病人，而是我们生活的地球和它的气候。诊断书总结了当时最新的科学研究成果，得出了八大结论，我们暂且称之为“哥八点”。

1. 温室气体急剧增加。自1990年起，因生产水泥、燃烧汽油煤炭、砍伐森林等，二氧化碳增加了27%。

2. 全球气温上升的主要原因是人类的生产活动。

3. 冰盖的融化正在加快，并造成海平面上升。

4. 北极海冰量快速下降，预计到2040年，北极的夏天将见不到一块冰。

5. 以前的研究远远低估了海平面上升的速度。到2100年，海平面上升将达33英寸（1英寸为2.54厘米），而不是13英寸。

6. 在高原和寒冷地区有永久冻土，里面蕴藏着大量的二氧化碳。一旦全球气温上升，这些封存的二氧化碳将会释放出来，更加加速气温的上升，形成恶性循环。

7. 全球气温即使只上升2℃，也会给整个人类社会带来前所未有的挑战。

8. 按现在的趋势，到2100年，全球平均气温将上升2℃～7℃。

真是触目惊心的诊断！

《哥本哈根诊断》封面

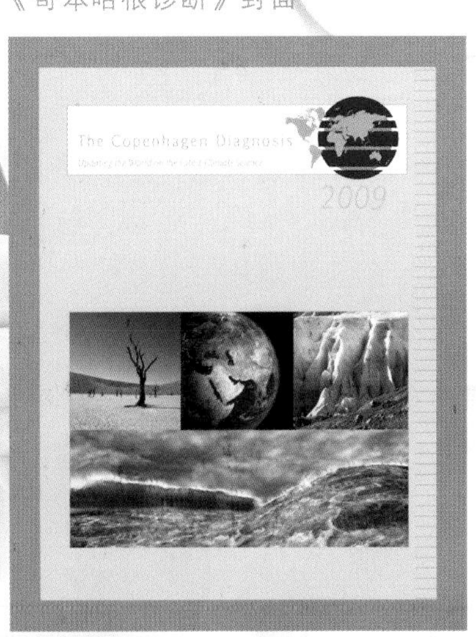

The Unbearable Warmth of Life

生命中不能承受之温暖

作者：海上云

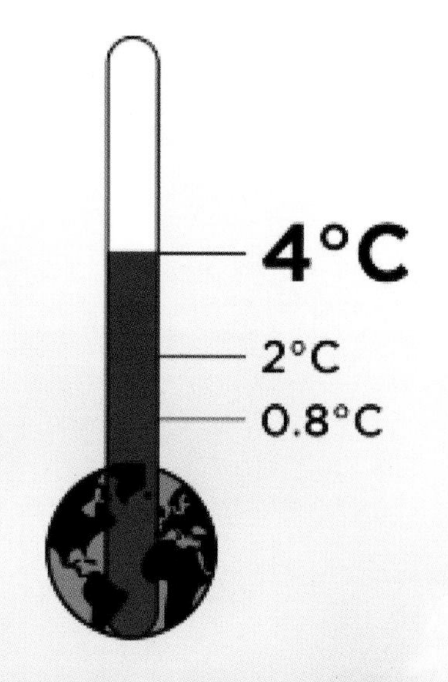

温度上升4℃，地球将会怎样？

从对南极冰芯的分析研究中我们知道，在过去的一万年间，特别是人类进入农业社会后，地球的平均气温一直非常稳定，上下浮动不超过1℃。进入工业化后，在一百多年的时间里，地球平均气温上升了0.8℃。科学家正在研究一个课题：如果全球平均温度升高4℃，地球将会怎样？（这个4℃大致上是《哥本哈根诊断》里2℃～7℃的中间值。）

你或许会觉得升高4℃，影响似乎不大。室外温度从20℃升到24℃，你确实可能感觉不到很大差别，不需要因此加减衣服。可是，地球的平均温度升高4℃，绝对是"发高烧"，影响也将是灾难性的。科学家通过建立地球系统模型，预测和估量温度上升4℃的危害。这绝不是杞人忧天，这样的温暖绝不是人类能承受的。

温度上升4℃带来的灾难

大火遍山：随着气温升高，森林大火的发生概率大增，其高危性会影响人类居住的每个大陆。

农业歉收：在低纬度地区，玉米和小麦产量下降的最大幅度将达40%。中国、印度、孟加拉国和印度尼西亚的大米产量将会下降，最大幅度达30%。

大量缺水：气温升高后，将在总体上引起地球表面水的蒸发量的上升，从而造成降水量的增加。但是，降水量在时间和空间上的分布是极不均匀的，当一些地区的降水量增加时，另一些地区的降水量很有可能减少。我们经常在天气预报听到，湖南水灾，而同时云南干旱，就是这个道理。当全球气温升高时，这种情况将愈加严重。科学家通过计算机模拟，预测地中海、非洲南部和南美洲广大地区降水量将减少，最大幅度可达70%。

水灾严重：气温升高4℃会导致海平面升高，像上海这样海拔低的城市，将会变成"东方威尼斯"。如果碰上风暴潮，更会严重威胁到居民的生命安全。

温度上升6℃呢？

科学家马克·林纳斯在对数千份科学文件进行精心的研究后，撰写了一部有关全球变暖危害的专著，首度向世人系统描述了地球气温升高6℃后全球面临的灾难。

当全球温度升高1℃的时候，非洲大陆冰雪荡然无存，北极熊、海象和环斑海豹，从地球的北端销声匿迹！

温度升高2℃，鲭鱼、须鲸淘汰出局，格陵兰冰原彻底消融，全球海平面升高7米！

温度升高3℃，亚马孙河流域的大部分热带雨林会在大火中被烧毁，数千万或者几十亿难民会从干旱的亚热带迁移到中纬度地区！

温度升高4℃，整个北冰洋冰帽会消失，全球海平面会再提高5米，伦敦周边夏季气温将达45℃！

《六度的变化：一个越来越热星球的未来》

温度升高5℃，两极均没有冰雪存在，南极洲中部可能有森林生长，海洋中大批的物种灭绝，大规模海啸摧毁海岸！

温度升高6℃，将近95%的物种灭绝！

Galabash Brothers and Invisible Swordsman

“葫芦娃”和“隐身侠”

作者：屈友友

我们之前说过，如果没有“温室效应”，地球将是一个冰冻的星球，“温室效应”本身是好事。但是，当人类活动开始破坏大自然的平衡，特别是进入工业化后，温室气体中的四个“葫芦娃”被养得肥肥的，慢慢地“放肆”起来，对全球气候造成了灾难性的影响。我们将在本文中仔细解剖这个“养葫芦为患”的过程，或许可以找到驯服这些“葫芦娃”的方法。

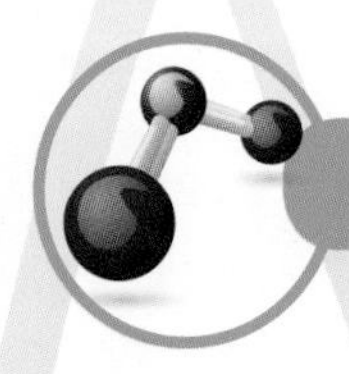

二氧化碳：人为气候变化的头号原因

在自然界中，“碳葫芦”——二氧化碳含量丰富，是大气的重要组成部分，大气里的二氧化碳的体积比为 0.03% ~ 0.04%。二氧化碳主要由含碳物质燃烧和动物的新陈代谢产生，也包含在某些天然气田或油田的伴生气以及碳酸盐形成的矿石中。所有动物在呼吸过程中，都要吸入氧气，呼出二氧化碳。有机物（包括动植物）在分解、发酵、腐烂、变质的过程中都会释放出二氧化碳。这些都是难以避免的，而且亿万年来一直存在着。那么，为什么近百年来大气中的二氧化碳突然多起来了呢？原因有两方面：一是石油、煤炭、天然气燃烧过程中，释放出二氧化碳。由火力发电、交通运输和工业生产产生的二氧化碳，占了当前二氧化碳的绝大部分。在工业化之前，是没有这个二氧化碳源头的。二氧化碳这个“碳葫芦”就是这样暴饮暴食胖起来的。要让它瘦下来，卡住这一环最为重要，就像减肥要控制饮食。二是绿色植物在光合作用的过程中，吸收二氧化碳释放出氧气。二氧化碳就是这样在自然生态平衡中进行着无声无息的循环。这个过程被称为“碳循环”。人类的砍伐森林，大大破坏了“碳循环”。前面烧油烧煤是“暴饮暴食”，现在砍伐森林就好比吃了就睡，不做锻炼，得肥胖症就在所难免了。要让二氧化碳这个“碳葫芦”“瘦”下来，多种树以吸收二氧化碳也极为重要，就像锻炼减肥一样。

二氧化碳的循环

“节食”加“锻炼”，是治理二氧化碳“变胖”的最有效方法。

下面这张示意图从宏观的角度，显示了地球上碳循环的规模。这些数字的单位是10亿吨。在自然界自身的作用下，陆地每年会产生4440亿吨二氧化碳，同时植物的光合作用会吸收4500亿吨二氧化碳。海洋会呼出3320亿吨二氧化碳，同时会吸入3380亿吨二氧化碳。人类的活动会产生230亿吨二氧化碳。通过简单的加减，我们可以知道，大气中的二氧化碳每年会增加110亿吨！

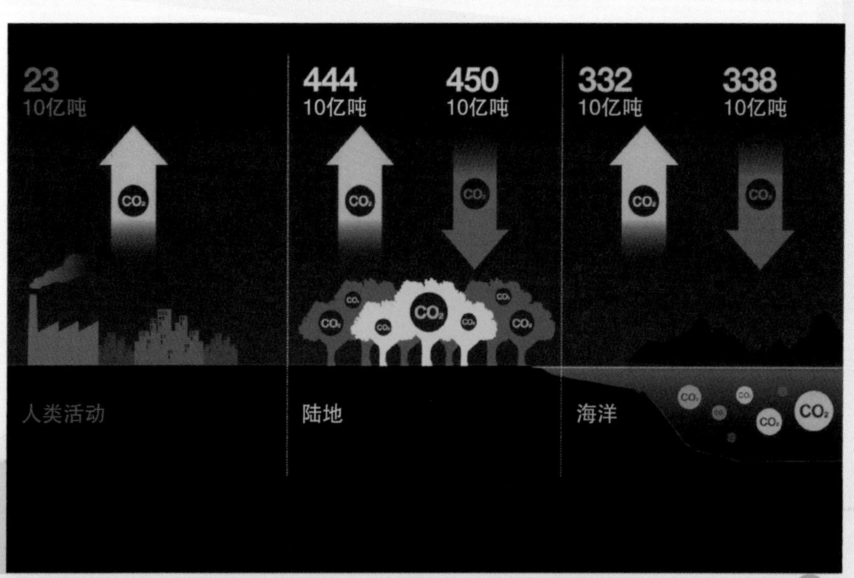

沼气：一个定时炸弹

沼气，化学名甲烷，顾名思义就是沼泽里的气体。人们经常看到，在沼泽地、污水沟或化粪池里，有气泡冒出来，如果我们划着火柴，可把它点燃，这就是自然界天然的沼气。

“烷葫芦”沼气古已有之，那么为什么现在也成了问题呢？

一是沼气是天然气的主要成分，而天然气通常和石油共生，所以，在石油和天然气的生产、炼制、存储、运输的过程中，会散逸出沼气。怎样减少这个途径中的沼气呢？炼油、储油、输油的过程一定要严格把关，尽量防止沼气的泄漏和散逸。

二是城市垃圾和废水处理会产生沼气。因此，一些环保行为，比如节约用水、减少垃圾都能减少沼气的产生。

三是牛羊等家畜消化饲料时会打嗝和放屁，这些都是沼气。牛嗝牛屁古已有之，但是，现代化的家畜养殖业规模太大，是农业社会的千万倍。

联合国粮食及农业组织曾在 2006 年发表研究报告，称全球 10.5 亿头牛排放的废气是导致全球变暖的最大元凶。

美国有一位科学家在 1971 年发出警告，全世界牛群放屁造成的甲烷，如果在大气中越来越多，终有一天会使地球不再适合人类居住。

画面中的这头牛并不是导致爆炸的牛牛，真的不是！

怎么办呢？看到这头牛背上的气囊了吧？这是有人专门开发出来的收集牛屁的。当然，环保主义者还提倡素食，少吃肉，这样就能减少对牛的需求。养牛少了，牛嗝牛屁自然也少了。

牛产生的沼气，会严重到什么程度？据德国媒体报道，2014 年年初，一家位于德国黑森州拉斯多夫的农场发生爆炸。警方通报，由于 90 头奶牛长期放屁导致牛棚内甲烷浓度过高，棚内机器产生的静电火花将甲烷点燃，引发悲剧。火爆的“烷葫芦”还真是颗定时炸弹呢！

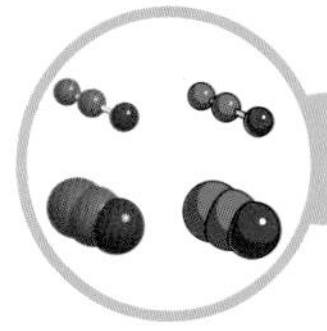

一氧化二氮：笑气一点也不可笑

在农业生产过程中，氮肥的使用非常普遍。据美国环保局估计，温室气体中的一氧化二氮，有 75% 是农业使用氮肥造成的。

“汽油加氮，跑得贼快。”为了提高发动机的效率，人们在汽油中加入氮。汽车、摩托车、卡车等在燃烧汽油时会释放出一氧化二氮。

另外，在生产氮肥、尼龙等化工产品的过程中，也会有一氧化二氮产生。

所以，要减少一氧化二氮的排放，就要少开车，多走路，减少化肥和相关化工产品的使用。

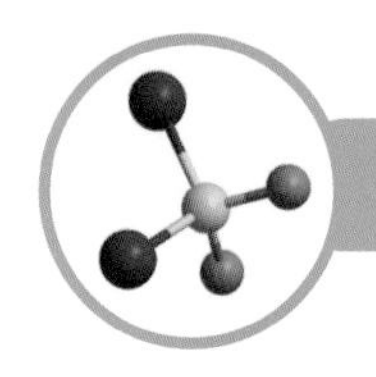

氟化气体：危害非常大

四个“葫芦娃”中的老幺——氟化气体，完全是现代工业的产物。虽然它加入“葫芦家族”只有几十年的历史，却非常闹腾。制冷剂、灭火剂、气胶、发泡剂、绝缘气体、半导体工业里的清洗溶剂，处处可见老幺的身影。

“氟葫芦”中的氟利昂，常被用作制冷剂在冰箱空调中使用。氟利昂会破坏大气臭氧层，地球上已出现臭氧层空洞，空漏大小有时超过

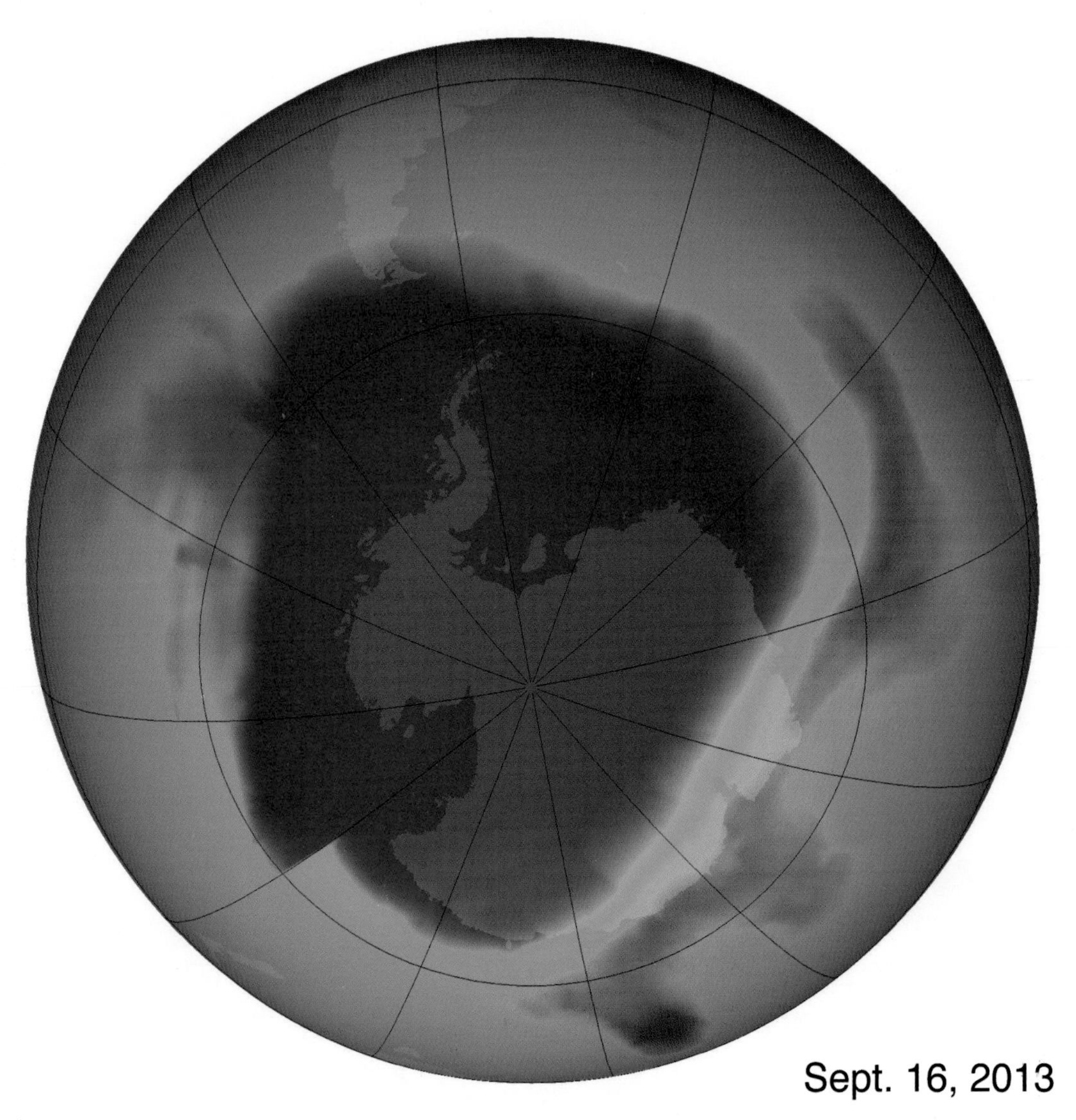

南极洲上空的臭氧层空洞（Credit：NASA’s Goddard Space Flight Center）

非洲面积，其中很大的原因是氟利昂。现在氟利昂已被限制使用。

老幺中还有一种叫“六氟化硫”的，是一种惰性气体，具有非常强的绝缘性能和灭弧性能，在输变电系统中应用广泛。六氟化硫本身虽然对人体无毒无害，却是影响巨大的温室气体，它对温室效应的影响是二氧化碳的 23900 倍！一个老幺，抵得上 23900 个老大！ 温室气体“葫芦家族”真是“葫才辈出”，一个比一个厉害啊！

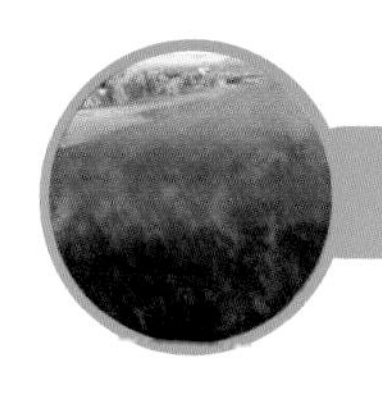

水汽：憋屈的“隐身侠”和它引起的争论

其实，大气中最多的温室气体不是二氧化碳，而是水汽。水汽所产生的温室效应大约占整体温室效应的 60% ~ 70%，其次才是二氧化碳、沼气、笑气、氟化气体“四个葫芦娃”。

水汽如果有意识的话，一定很“憋屈”：有没有搞错啊？我才是老大啊！

那么，为什么大家对这个最大的“葫芦”却视而不见，把它当作“隐身怪侠”呢？

这是因为我们在讨论温室气体时，主要是看那些气体是不是因为人类活动而大量增加的，以及怎样才能减少这些气体的排放。

人类虽然改变了很多地方地表水分布，干扰了水的循环，但是对大气中水含量的影响还是局部的、短暂的、规模很小的、可以忽略的。通过各种气候现象，大气中的水很容易达到新的动态平衡，排除人类造成的干扰。所以，人类活动对大气中水汽含量的直接影响很小，水汽的变化是气候变化的结果，而不是人类活动的结果。

用简单明了的话来说，水汽被当作“隐身侠”，是因为水汽既不是人类搞出来的，人类也对它没办法！水汽，你就自个儿玩去吧。

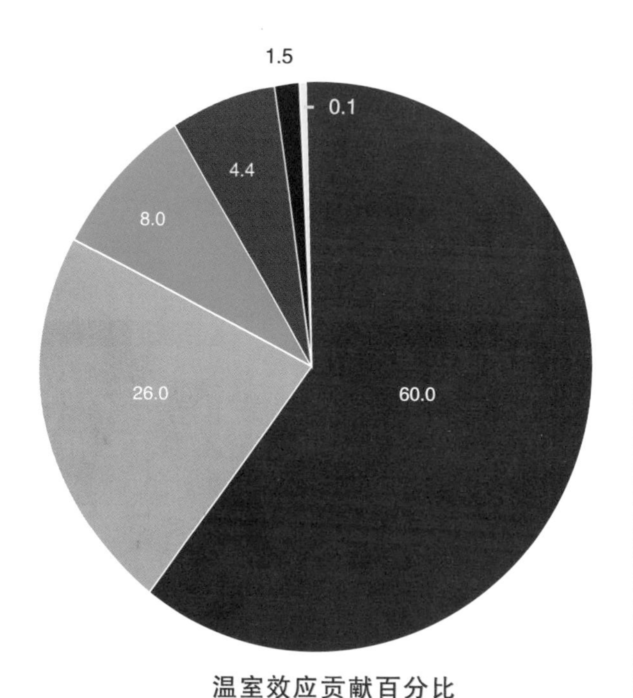

温室效应贡献百分比

■ 水汽和云 ■ 二氧化碳（CO_2） ■ 臭氧（O_3）
■ 甲烷（CH_4） ■ 二氧化氮（N_2O） ■ 其他

但正是由于水汽，让有关“温室效应”的争论变得复杂起来。

2006年，美国前副总统戈尔编剧并主演的环境保护纪录片《难以忽视的真相》(*An Inconvenient Truth*)获得了奥斯卡奖。影片的主要观点是：人类造成空气中二氧化碳浓度增加，导致“温室效应”和全球变暖。

2007年3月，英国一家电视台的编导马丁·得肯针锋相对，拍摄了另一部纪录片《全球变暖大骗局》(*The Great Global Warming Swindle*)，大唱反调。

《全球变暖大骗局》的编导马丁·得肯

美国前副总统戈尔和他的环保纪录片

马丁的一个主要论据是：温室气体最主要的是水蒸气，二氧化碳只是一小部分，怎么能把全球变暖全部怪罪到二氧化碳身上呢，简直是制造冤假错案!

他的第二个论据是：温度和二氧化碳的曲线和人类发展的进程不符，人类工业的高速发展发生在20世纪70年代，但是温度急速增长却在40年代。

他的第三个论据是：温度和二氧化碳的相互关系，好像是鸡和蛋的关系，是因为二氧化碳增加而造成气温上升？还是气温上升后把海洋里的二氧化碳释放了出来，二氧化碳才因此增加的？“温室效应”论的支持者认为是前者，而他认为是后者。看来要说服马丁，“温室效应”论的支持者需要找到“先有鸡”的证据。

真理必先经过一连串的质疑和否定，才会体现出它的“真”。你能通过自己的独立思考和判断，得出自己的结论吗？

Calculate Your Carbon Footprint

计算你的“碳足迹”

作者：海上云

我们几乎每时每刻都会在地球上留下“碳足迹”，有的深，有的浅，有的大，有的小，有的浓，有的淡。生活中一些不经意的小事都会给地球加热。如果想知道你每年留下的“碳足迹”有多少，可以登录这个网页，用“碳足迹”计算器算出来：

http://www.dotree.com/CarbonFootprint/

只要输入家庭成员数、居住面积、用电、用水、乘坐交通工具等信息，就能知道你家一年的碳排放量，以及需要种多少棵树来补偿。

为了地球的将来，也为了我们的将来，从现在开始过一种低碳的生活吧！

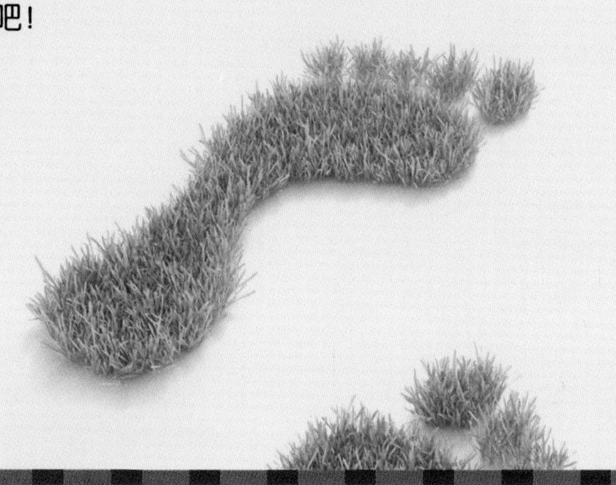

碳补偿，也叫碳中和，就是通过植树或其他环保项目抵消人们的日常活动直接或间接制造的二氧化碳，按照 30 年冷杉吸收 111 千克二氧化碳来计算需要种树的数量。例如：如果你乘飞机旅行 2000 千米，那么你就排放了 278 千克的二氧化碳，为此你需要植 3 棵树来抵消；如果你用了 100 千瓦时的电，那么你就排放了 78.5 千克二氧化碳，为此你需要植 1 棵树；如果你自驾车消耗了 100 升汽油，那么你就排放了 270 千克二氧化碳，为此需要植 3 棵树……

A Day of Brother High-Carbon and Brother Low-Carbon

“高碳哥”和“低碳哥”的一天

作者：朴尚
绘者：陈长兴

毫不夸张地说，人的一生，就是不停地产生温室气体的一生！

早上起来，打开电灯，洗漱，做饭，洗碗，出门坐车；打开电脑，收发微信电邮，打印文件……每件事都和能源消耗相关，都或多或少、直接或间接地产生温室气体，排放到大气中。

科学家发明了一个专业名词——“碳足迹”，来量化一个人一年生活里，因消耗能源或资源而导致的碳排放的总和。“碳足迹”以二氧化碳的单位（通常为吨）来衡量。“碳”，就是石油、煤炭、木材等由碳元素构成的自然资源。“碳”耗量越多，导致全球变暖的“元凶”二氧化碳也制造得越多，“碳足迹”进而就越大，反之“碳足迹”就越小。

下面我们来看看“低碳哥”和“高碳哥”是怎样生活的。“碳哥”不是传说，而是一种生活方式。

|||||| 纸 ||||||

高碳哥：定期购买报纸和新书,经常打印纸张；使用很多卫生纸

低碳哥：跟他人共享报纸，经常借书而不买书；使用手帕

|||||| 垃圾 ||||||

高碳哥：很少或基本上不回收垃圾，不分类；使用塑料袋、塑料瓶

低碳哥：产生很少垃圾，尽可能地回收垃圾，垃圾分类；不使用塑料制品

|||||| 用水 ||||||

高碳哥：经常用浴缸泡澡，家里有洗碗机

低碳哥:大多数时候用花洒淋浴，家里没有洗碗机

|||||| 食物 ||||||

高碳哥：时常浪费食物，且很少注意食物是哪里制造的

低碳哥：吃当地制造的食物，不浪费食物

|||||| 电 ||||||

高碳哥：使用许多电器，且经常让它们处于开机或待机状态

低碳哥：随手关灯，节约能源，在家不会使用太多电器

|||||| 假期 ||||||

高碳哥：每年有一次次甚至更多长途飞机旅行

低碳哥：通常在离家很近的地方度假

|||||| 交通方式 ||||||

高碳哥: 出行大多数是开车

低碳哥: 出行大多是骑自行车或步行，或使用公共交通工具

Protecting the Earth—Science Project in AmericanPrimary School

我们如何保护地球？——美国小学的科学课题

美国小学非常重视培养学生的科学研究能力，学校每年都会举办各种科学成果发表会，让学生展示一年来所学的知识。在美国加利福尼亚州橘郡一所小学的校内科学展中，六年级的小朋友 Ken 以“冰山为什么会融化”的课题研究赢得比赛优胜奖。他的课题让全校同学了解到冰山为什么会融化、北极熊和企鹅会不会有危险以及冰山融化后对地球有什么影响。更为重要的是，小朋友从中了解到怎样保护地球。

在 Ken 的实验报告发表会中，他展示了许多冰山的图片，包括水面上的冰山和水底下的冰山，还有过去与现在的南极和北极的图片。Ken 在演讲中用最简单的方式让同学知道全球气候变暖的问题及其“后遗症”。比如造成南、北极冰山融化，像企鹅和北极熊这些生活在南、北极的动物将面临没有食物吃和没有地方住的困境；还有，随着海平面升高，有些国家或地区可能会被大海淹没，美国的纽约市也不能幸免。

二年级的小朋友 Jasmine 听完 Ken 的报告后表示：“我真的被吓到了。”虽然在课堂上学习过有关全球气候变暖的知识，但是她从来不知道冰山融化会让北极熊和企鹅找不到食物吃，纽约和曼哈顿也会被淹在海里。

打开电视，天天都能看到新闻在报道世界变暖了，既然天气变热了，南极和北极的冰山应该都会融化吧！

——美国加利福尼亚州橘郡的六年级学生Ken解释他为什么选择冰山融化为研究主题。

我们可以在北极这一特定环境下了解一些科学知识，比如“北极循环”。从北冰洋中可以知道水蒸气、水的液体形式和冰，以及它们之间的联系。同时，也让生活在温暖气候中的孩子更容易体会气候变化的影响，比如温度升高会如何影响冰和雪。

——“在企鹅和北极熊之边”网站的创始人之一杰西卡·弗里斯-盖泽尔（Jessica Fries-Gaither）。弗里斯-盖泽尔曾是一名小学和中学教师，曾在美国的阿拉斯加居住过一段时间。

全球变暖对小朋友来说似乎有些遥远，并且有些难懂，很多小朋友并不清楚这和生活有什么关联。可是通过这场科学成果发表会，不仅研究这个问题的同学了解了其中的来龙去脉，甚至找到解决全球变暖问题的新方法，小听众们也真正知道了全球变暖的过程。

美国小学的科学课程除了介绍课本知识，还组织外出参观活动，举行比赛，或引导小朋友撰写科学实验报告等。这次 Ken 选择冰山融化为研究主题，就来自对全球变暖问题的关注。首先，他将这个想法告诉老师，老师帮他列出一张书单，Ken 自己到图书馆先学习，然后写出感想与问题。于是，Ken 的《冰山研究报告》就这样开始了。他的研究时间是一个学期。

你还能想出哪些方案？这些建议虽然简单，却都能保护地球，使全球变暖的速度减缓。让我们共同努力，让冰山永远待在南北两极吧！

4R for Environment
环保 4R

作者：白云

人们一直在探索减少温室气体排放、减缓全球变暖的技术和手段，例如使用太阳能和风能等清洁能源代替石油和煤炭，采用碳捕集与封存技术避免将二氧化碳排放到大气中，研发混合动力汽车以减少汽油消耗和二氧化碳排放……在日常生活中，我们也可以从很多小事做起，过低碳生活。

Reduce（减少使用）

每次买东西时，先想一想：我是否真正需要？原有的是否真的不可再用？我是否物尽其用？总之，减少消费，垃圾产生量自然会减少。购买商品时，选购绿色包装的商品，不买过度包装的商品。

Reuse（废物利用）

在扔掉旧物之前，先想一想：它还有利用价值吗？例如纸张可以写两面，塑料袋可多次使用，水罐也可以变成笔筒。只要肯花心思，“废物” 可变成日用品甚至工艺品。很多物品都可以捐赠或转让给他人使用，例如教科书、玩具、电器、家具、衣物等。

Recycle（循环再用）

养成废物分类的习惯，把可回收的废物循环利用。最普遍回收的是纸张和铝罐，透明塑料和玻璃瓶也可以回收。

Replace（替代使用）

选择对环境有利的产品，例如，用布袋购物，用充电电池代替一次性电池，用自备餐盒代替发泡塑料饭盒等。总而言之，尽量使用可回收并反复使用的物品，代替用完即弃、不可回收的物品。

今天你低碳了吗？

Revenge of Lanqiu

蓝丘的报复

作者：海上云
绘者：陈长兴

他叫“蓝丘”，因为他长得像山丘一样。

他和妹妹丫头最近才移居到这片海域。这片海域是他们临时的家。

他们原先居住的远方，海水越来越暖和，磷虾越来越少。这里的水是冷的，对他来说正适合，海水里生活着很多磷虾。

丫头说他是一个吃货，甚至可能是这个星球上最大的吃货。关于这一点，他很自豪。他每天要吃40000000只磷虾。是的，你没看错，4000万，有7个0。

忘了说了，他是一头蓝鲸，一头叫“蓝丘”的鲸。他的头和脑子都很大，所以很会数数。4000万，不多不少。说了也奇怪，丫头喜欢只数到7。

他和丫头“失联”快一周了。

他们是在一股强大的海流里游散的。

一开始他并没有留意，以为她在跟他捉迷藏躲了起来，过不了多久，就会突然出现在自己身旁，用她的头来碰自己的头。她一直喜欢这样玩的。

但是，现在他很担心。虽然他们蓝鲸在海洋里几乎没有对手，但是，有一种来自陆地上的动物，会开着一种叫“船”的东西，用锋利的标枪来捕杀他们。他总是告诫丫头：如果感觉到附近有船，一定要小心啊！

那种动物，叫人。

从前，人只用渔网捕捞鱼虾。现在海水越来越暖，鱼虾越来越少了，渔船也越来越少见。从见多识广、喜欢炫耀唠叨的海鸥那儿，蓝丘听说，捕鲸是“违法”的，也就是说，人这种动物自己都觉得不应该捕杀鲸鱼，但是有些人还是会偷偷这么做。也幸好是“违法偷猎”，不然，如偷猎者不用标枪而用“大杀器”的话，据说可以秒杀蓝鲸。海鸥还告诉他从陆地的广场上听来的消息：海水之所以变得这么暖和，都是人的过错。海鸥还说了一堆蓝丘不懂的词，虽然他的脑子很大，但是对海水变暖是人类的错这件事怎么也想不明白。不过他也没兴趣去想，因为只要还有凉爽的海域，只要丫头陪着他，就够了。

平时蓝丘和丫头最警惕的是渔船。一看到渔船开来，他们就相互打暗号，急急忙忙潜到深水里。他们之间的暗号，别人是听不懂的。

他这几天已经在方圆几十千米转了很多圈，还是没有丫头的丝毫音讯。他们之间有特定的声音相互联系，可以传几百千米远。他把这些声音叫暗号，丫头则管这些声音叫唱歌，也许这就是吃货和文艺女之间的区别。

他每天要吃 4000 万只磷虾，丫头每天要唱 400 首歌。喜欢数到 7 的丫头嗓子很不错，不仅他觉得好听，那些会发海豚音的海豚也觉得好听。更神奇的是，连磷虾也觉得好听，每当丫头唱歌的时候，磷虾就会一群群游过来，像亮闪闪的绸布，在海水里舞动。想到这个，他觉得自己虽然是吃货，其实还是有点文艺细胞的。

这几天的磷虾没有味道，他也忘了数到底吃了多少只。现在唯一想的，就是把丫头找到。

前面的浮冰上站着一只雪白的北极熊。他记得上次和丫头讨论过，他觉得北极熊是在捕鱼，丫头说北极熊是在捞月亮，最后谁也没有说服对方。不知道是因为饿的，还是捞月亮捞的，反正那些北极熊是越来越瘦了。

“熊老弟，有没有看到我家丫头？”

“没有看到啊。我在这里守了几天了，不要说你家丫头，连一条鱼都没有看到。这鬼天气越来越热，毛皮大衣穿着真难受。”北极熊有气无力地回答。

虽然早知道是这个结果，他还是问了。很多时候，即使明知是无用的事，他还是做了，因为每次做的时候至少能抱着一线希望的。

太阳快要落山了，海水被染得通红。

两个苍凉而孤独的身影，一个在冰面上，一个在海面上。

他觉得已经到了世界的边缘，可是，海还是一望无际。

突然，从遥远的海水里传来熟悉的歌声。

“是丫头！”

这是他在海涛声中永远不会听错的歌声，虽然是那样微弱和遥远。

“好像丫头碰到麻烦了，歌声怎么这样惊慌？不远的地方，好像还有一艘船？”

他的听力在海洋动物中是出类拔萃的，能听出很远很远处鲨鱼的鼻音。

他拼命摆动尾鳍，浑身的肌肉绷紧，像一艘鱼雷朝着歌声的方向疾冲过去。海水和浮冰在他身旁呼啸而过。

太阳已经沉入海面，满天的繁星被蓝丘惊起的波浪淋湿。

近了，看到丫头了。她就在离渔船几千米远的地方，正拼命地朝着这边游过来。渔船上的人架起了标枪，瞄准了丫头。一支标枪，闪着阴冷的寒光飞向丫头，最后擦着她的尾鳍，掉落水里。

“哥，快走，是渔船！”

他望了远处的丫头一眼，一个深呼吸，一翻身，笔直地往深水里潜去。

他潜水从来没有这么快过，几分钟后，已经潜入海底几百米深处。然后，身子半转，他在深水里朝渔船方向快速潜游而去。

500米了，从海下向上望去，渔船像一座浮在水面上的山丘。

100米了，黝黑的海水在身后涌起漩涡和湍流。

他算准了速度和距离，朝着渔船冲去。

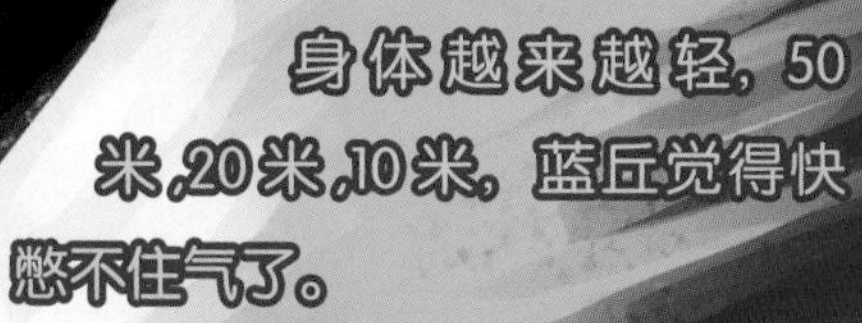

身体越来越轻，50米,20米,10米，蓝丘觉得快憋不住气了。

“Duang!”蓝丘感觉突然撞到了一座山，头疼得炸裂。山崩水裂，海面上惊起几丈高的巨浪。

很多年后，这片海域仍然流传着蓝丘撞船的故事。一头巨大的鲸鱼从水底直冲而上，小山一样大的渔船被撞得翻倒一边。船上的鱼枪和捕鱼者纷纷落水，海水漫进船舱，慢慢地，那艘船沉进了大海。

蓝丘感觉晕乎乎的，满眼星光。

他看到丫头欢快地游来。

他看到丫头头顶射出的喷泉，像一朵硕大的花开在海面，在月光下闪亮。

而那天之后，很长一段时间，威名远播的蓝丘忘了怎么数数，不知道每天吃了多少只磷虾，也记不住丫头每天唱几首歌。但是，他仍然是快乐的，因为有丫头在旁边唱歌，而且，磷虾的味道真是好极了。